Jacob Christian von Schäffer

Die Mauerbiene

Jacob Christian von Schäffer

Die Mauerbiene

ISBN/EAN: 9783743366602

Hergestellt in Europa, USA, Kanada, Australien, Japan

Cover: Foto ©berggeist007 / pixelio.de

Jacob Christian von Schäffer

Die Mauerbiene

Die
Maurerbiene

in
einer Rede
beschrieben

von

Jacob Christian Schäffern,

der Gottesgelehrsamkeit und Weltweisheit Doctorn; Ev. Pred. zu Regensburg; Sr. Königl. Maj. zu Dännemark Rathe und Prof. honor. zu Altona; der Academie der Naturforscher, zu Berlin, Roveredo und München, der Gesellschaft der Wissenschaften zu Duisburg und botanischen Gesellschaft zu Florenz, wie auch der deutschen Gesellschaft zu Göttingen, Leipzig, Altdorf und Erlangen Mitgliede; und der Academie zu Paris Correspondenten.

Nebst fünf Kupfertafeln mit ausgemahlten Abbildungen.

Regensburg, verlegts Johann Leopold Montag, 1764.

Dem

Hochgebohrnen Grafen und Herrn

HERRN

Joseph Ferdinand

des H. R. R. Grafen zu Rheinstein und Tatten-
bach, Grafen zu Valley, Frey- und Panierherrn zu Ganowitz,
Herrn zu St. Martin, Uetzenaich, Ober- und Untereiging, Eber-
schwang, Mayrhof, Müring, Murau, Einburg, Rdáb, Münz-
kirchen, Kráckenberg, Zell, Altschwend, Zebling, Rieldhueb, Sieg-
harting, Wegleuten, Voitshofen, Beyerbach, Ering, Brun, Ze-
holfing, Márktlkofen, Sallach, Taufkirchen, Falkenberg, Hauß-
bach, Hofau, Geyersberg, Dietfurten, Kirchberg, Baumgarten,
St. Johanneskirchen, Dumeldorf, Gutenegg, Peterskirchen, Adl-
dorf, Eschlbach, Rohrbach, Wánnerstorf, Herblfing, Reichstorf,
Ráfflstorf, Malgerstorf, Grabenstadt, Márlrhain, Wátterstorf,
Rheinthall, Holz- und Feldolling rc. Graf Kuryl. Majoratsinn-
habern; Sr. Churfürstl. Durchl. rc. rc. in Bayern Cammerern, wirk-
lichem geheimden Rathe und Churbayerischem gevollmáchtigten Ge-
sandten auf dem fürwáhrenden Reichstage zu Regensburg; dann
Hauptpflegern zu Friedburg, und gemeiner Hochlöbl. Land-
schaft in Bayern Oberlandes verordnetem Rechnungs-
aufnehmern.

Meinem gnádigen Grafen und Herrn.

Hochgebohrner Reichsgraf,

Gnädiger Graf und Herr,

Das gelehrte Bayern nennet Eure Hochgräf-
liche Excellenz seinen Maecenaten; allein diese Benennung saget noch viel zu wenig, wenn man
Eurer Hochgräfl. Excellenz erhabene Eigen-
schaften, tiefe Einsichten in alle Arten der Wissenschaften, und
diejenige Gnade und Huld erwäget, welche Eure Hochgräfl.
Excellenz denenjenigen allgemein zu erzeigen gewohnet sind, die
sich die Aufnahme der Künste und Wissenschaften angelegen seyn
lassen.

Jedermann wird dadurch in Ehrfurcht und Bewunderung gesetzet; und bey mir ist die Lebhaftigkeit dieser Regungen so groß,
daß ich mich erkühne, Eurer Hochgräfl. Excellenz verehrungs-
würdigen Namen gegenwärtiger Rede vorzusetzen.

Die öffentliche und höchsterfreuliche Feyer, welcher, wie
Eurer Hochgräfl. Excellenz nicht unbekannt ist, diese Rede von
mir gewidmet worden; die von Eurer Hochgräfl. Excellenz
mir schon zu Theil gewordenen Gnadenerweisungen; und die mir
wirklich ertheilte gnädige Erlaubniß; setzen mich gegen alle Vor-
würfe sicher, welche dieses mein Unterfangen mir zuziehen könnte.

X 3

Mögte

Mögte ich doch so glücklich seyn, mir mit der Hoffnung schmeicheln zu dürfen, durch dieses öffentliche Merkmaal meines, gegen Eure Hochgräfl. Excellenz mit der tiefsten Ehrfurcht erfüllten, Herzens, Hochdero unschätzbare Huld und Gnade aufs neue zu verdienen.

So unwürdig ich auch solcher bin; so eyfrig und unermüdet wird doch mein Bestreben seyn, mich ihrer weniger unwürdig zu machen; wenigstens soll es mir Niemand jemals in eyfrigen und innbrünstigen Wünschen für Eurer Hochgräfl. Excellenz vollkommenste Glückseligkeit, und in derjenigen Ehrfurcht und Unterthänigkeit zuvor thun können, mit welcher ich ersterbe

Hochgebohrner Reichsgraf,

Gnädiger Graf und Herr,

Eurer Hochgräflichen Excellenz

Regensburg,
den 28. Febr.
1764.

unterthänig gehorsamster

D. Jacob Christian Schäffer.

Gnädige,
Hochzuverehrende Herren!

Es ist Ihnen bekannt, daß ich mich seit zwey Jahren mit einem sehr wichtigen Theile der Kräuterlehre, nämlich mit der Lehre von den Schwämmen, beschäftiget habe. Nachdem ich in diesem weitläuftigen, und fast noch ganz unbekannten, Felde, so weit gekommen bin, als bey der Mannigfaltigkeit der hervorgetretenen Schwürigkeiten mir möglich war: so bin ich zur Betrachtung des Thierreiches zurückgekehret. Nirgends trift man deutlichere Spuren der göttlichen Allmacht und Weisheit an, als hier; nirgends mehrere und stärkere Waffen den ausschweifenden Hochmuth der menschlichen Vernunft zu bestreiten! Allenthalben zeigen sich einem forschenden Auge die allerweisesten Absichten; allenthalben die allerbesten und sichersten Mittel diese Absichten zu erreichen; allenthalben blicket Ordnung, Schönheit und Regelmäßigkeit hervor, und oft da am stärksten, wo alles unordentlich, unregelmäßig und ungestaltet scheinet.

Es würde mir nicht schwer fallen, dieses mit unzähligen Beyspielen, welche selbst den alleraufgeklärtesten menschlichen Verstand in ein heiliges

Erſtaunen ſetzen müſſen, zu beſtärken. Ich will aber nur bey einem ein-
zigen Inſecte ſtehen bleiben; und ſelbſt von dieſem werde ich nur in kurzen Sätzen reden.

Es giebt eine Gattung Bienen, die der unſterbliche Reaumur (*)
zuerſt, und bis izo noch ganz allein, beſchrieben hat. Sie hat von ihm
wegen der Art, wie ſie die Wohnung für ihre Nachkommenſchaft zuberei-
tet, den Namen der Maurerbiene, (abeille maçonne) erhalten (**).
Sie unterſcheidet ſich von der Honigbiene, in mehr als einem Stücke;
vornämlich aber darinn: daß ſie nicht in Geſellſchaft mit andern Bienen,
ſondern einſam, lebet; daß ſie nicht zahm , ſondern wild iſt ; daß ihre
Haushaltung nicht aus drey unterſchiedenen Geſchlechtern , wie
bey den Honigbienen, ſondern nur aus zweyen, nämlich aus Männgen
und Weibgen beſtehet; und daß die Befruchtung des Weibgen nur von
einem Männgen geſchiehet , da ſich im Gegentheile bey den Honigbienen der ſo genannte König, oder Weiſer, oder, der Warheit gemä-
ſer zu reden, das Weibgen mit einer großen Menge von Männgen gat-
tet. Das Weibgen (***) der Maurerbiene iſt um ein Drittheil größer,
als das Männgen (†); dieſes iſt mehrfarbig und größtentheils gelbig, jenes, des Weibgen, iſt meiſt einfärbig und ſchwarz, oder ſtahlblau.

So bald die Maurerbiene in den erſten Tagen des Aprils zum
Vorſcheine kommt; ſo iſt ihr erſtes Bemühen auf die Fortpflanzung
ihres Geſchlechtes gerichtet. Sie ſuchet ihren Garten und wird von ihm
geſuchet, um befruchtet zu werden; und ſie ſuchen ſich einander nicht lange vergebens, da beyde ſchon, als Würmer nahe bey einander und gleichſam in einem Hauße wohnen (††), und insgemein zu gleicher Zeit
und faſt zu gleichen Stunden , als geflügelte Inſecten, nämlich als Bienen, das Licht der Welt erblicken.

Wann

(*) Mem. des Inſect. Tom. VII. P. I. Mem. 3.   (**) Tab. I - IV.
(***) Tab. II. Fig. I. II. III.   (†) Fig. IV. V. VI.   (††) Tab. I.
Fig. I. II. III. IV.

Wann das Weibgen befruchtet ist, wird es von dem Männgen sich
selbst und seinem Schicksaale überlassen, und keines nimmt sich des andern
weiter an. Die Honigbiene verfähret hierinn anders; Männgen und
Weibgen bleiben bey einander, und besorgen in Gemeinschaft der Arbeit-
samen die Ernährung und Auferziehung der Jungen.

Die erste Sorge des befruchteten und sich selbst überlassenen Weibgens ist, sich der Eyer auf eine solche Weise zu entladen, die der Beschaffenheit der Nachkommenschaft, die es daraus erwartet, gemäß ist. Es
säumet dahero nicht den Bau derjenigen Wohnung anzufangen, worinn
ihr neues Geschlechte gebohren werden, sich aufhalten, nähren, und unter verschiedenen Veränderungen so lang sicher und bequem leben könne,
bis es zu dem gehörigen Alter und zu demjenigen Stande der Vollkom-
menheit gediehen sey, in welchem es, nachdem es sich in ein geflügeltes
Insect verwandelt, sich selbst versorgen und sein Geschlechte weiter fort-
pflanzen kann.

Es ist vieleicht denen, welche auf dem Lande wohnen, oder die auf
dasjenige, was in der Natur vor ihren Augen ist, Aufmerksamkeit zu wen-
den gewohnet sind, nicht ganz unbekannt, daß an denen Wänden und
Mauren, die der freyen Luft und dem offenen Felde ausgesetzet sind, nicht
selten solche, mit Sande vermischte, Erdklumpen gesehen werden, welche von
einer muthwilligen Hand, oder von einem andern ungefähren Zufalle
herzukommen scheinen (*). Allein, vieleicht ist noch Niemand von selbst
auf den Gedanken gekommen, daß dieses etwas anders, als ein durch und
durch vollgefüllter Erdklumpen sey. Und doch, M. H., ist es nichts weniger, als so etwas. Es ist das Gebäude und die Wohnung eines leben-
digen Geschörfes; und dieses Gebäude ist so künstlich zusammengesetzet, und
so regelmäßig und vorsichtig in Zellen und Kammern abgetheilet, daß dessen genaue Betrachtung den geschicktesten Baumeister zur Beschämung
und Demüthigung dienen kann.

X 2   Es

(*) Tab. I. Fig. I. II. IV.

Geruhen Sie, M. H., einen Blick auf dasjenige, so ich in meinen Händen habe, zu werfen (*). Stellen Sie sich vor, daß sie solches an der Maure eines Gebäudes, oder an einem Felsen kleben sehen. Würden Sie nicht das Urtheil fällen, daß Muthwillen, oder ein Ungefähr, diesen ungestalteten Klumpen hervorgebracht habe; oder, daß es allenfalls ein Beweis der Nachläßigkeit eines Maurers sey, der den Anwurf des Mörtels nicht gehörig ausgegleichet habe. Allein, ich darf diesen Erdklumpen nur umkehren, und Ihnen diejenige Seite sehen lassen, mit welcher er an dem Steine befestiget gewesen ist, um Sie auf andere Gedanken zu leiten (**). Sie sehen hier verschiedene Höhlen und Vertiefungen (***); deren einige leer (†), andere mit einem Häutgen, durch welches etwas schimmert, überdecket sind (††); und die alle, in einem allgemeinen Vergleiche mit einander, von etwas Regelmäßigem und Ordentlichem zu zeigen scheinen. Und eben dieses ist das künstliche Gebäude, und die, der Arbeit nach, vortrefliche Wohnung der Maurerbiene.

Bilden Sie sich nicht ein, M. H., daß jede Maure und jedes Gebäude; noch mehr, daß jeder Stein in einer Maure und Gebäude; ja noch mehr, daß auch nur eine jede Lage einer Maure, eines Gebäudes oder Felsens, der Maurerbiene zur Anlegung und Verfertigung ihrer Wohnung gleichgültig und anständig sey. Nein, sie zeiget sich in diesem Stücke, und also gleich bey dem Anfange ihrer Arbeit, und in der Anlage ihres Gebäudes, und dieß so gar nach zureichenden Gründen, höchstvorsichtig, pünktlich, und ich darf sagen, höchstklug und weise.

Einfallende Mauren und Gebäude sind nie diejenigen, worauf die Maurerbiene ihre Wohnung gründet. Findet man dann und wann an dergleichen Orten solche Sandklumpen, so darf man nur das Innere derselben ansehen, um sich zu überzeugen, daß sie veraltet und eher hier angebauet

(*) Tab. I. Fig. II.   (**) Fig. III.   (***) a. b. c. d. e. f.   (†) c.
(††) b.

bauet worden sind, als die Mauer und das Gebäude baufällig geworden ist. Eine Menge Beobachtungen und die beständige Erfahrung, haben mich gelehret, daß diese Biene ihr Gebäude nur allein festen und dauerhaften Mauren und Gebäuden anvertrauet, und daß sie, wo sie die Wahl hat, die hohen, starken, und steilen Felsen, eben um ihrer Dauer und Beständigkeit willen, allen Mauren, und aus Quatersteinen aufgeführten Pallasten, vorziehet.

Ist eine Maure oder Gebäude mit Mörtel beworfen, ausgeglichet und also überzogen, daß die Steine völlig damit überleget sind; so bleibet der Maurerbiene auch dieser Umstand nicht unbemerklich. Fallen Mörtel und Kalch leicht von den Steinen ab; so würde ihr Gebäude dieser Gefahr auch unterworfen seyn. Steine und Mauren, die mit Mörtel und Kalch gänzlich überleget sind, geben also auch keinen Wohnungsplatz für sie ab; sondern solche rauhen und bloßen Steine, woran ihr Gebäude eine hinreichende Befestigung erhalten und vor frühzeitigen Abfall gesichert seyn kann.

Die ordentlichen Mauren und geringern Gebäude, wenn sie auch gleich vom Baue her, oder durchs Alter, Mörtel- und Kalchfrey geworden, sind bekanntermaßen aus ungleich großen, oft sehr kleinen, Steinen zusammengesetzet, und es ist nichts leichters, als daß dergleichen kleine Steine durch allerhand Zufälle, locker werden und herab fallen können. Auch dieser Umstand entgehet der Maurerbiene nicht. Wenigstens ist es anmerkungswürdig, daß man selten, und gar nicht, an Steinen, die nicht eine gewisse Größe haben, dergleichen Maurerbienennester antrift. Und eben dieses scheinet auch die Ursache zu seyn, warum die Maurerbiene zu ihren Nestern lauter Steine, so in Mauren und Gebäuden mit einander verbunden sind, zu ihrem Anbaue erwählet; nie aber einzelne, und im Freyen vor sich allein liegende, Steine; es wäre denn, daß sie eine solche Größe hätten, vermöge welche sie, auch allein genommen, ein großes Stück einer Maure oder eines Gebäudes vorstellen. Wenigstens hat weder Reaumur, noch ich, jemalen ein Nest an einem einzelnen Steine, ohne unter der angeführten Bedingung, gefunden.

A 3   Noch

Noch mehr, M. H., wird ihre Verwunderung sich vergrößern, wann ich Sie zu versichern die Ehre habe, daß die Maurerbiene, nach unzähligen Beobachtungen und Erfahrungen, die Gegenden des Himmels auf das genaueste und untrüglichste kennet und zu unterscheiden weis. Woher kommt es anders, als von der genauen Kenntnis der Himmelsgegenden, welche der Maurerbiene beywohnt, daß man keines dieser Nester, auch nicht einmalen, gegen Mitternacht findet; sondern, daß die Mittagslage die gewöhnlichste, häufigste und ordentlichste ist, wo diese Maurerbiene anbauet; und daß, wenn auch einige Nester, obwohl ungleich sparsamer, gegen Morgen oder Abend gefunden werden, solches gewis solche Lagen und Gegenden sind, die zugleich sehr lange der Mittagssonne ausgesetzet sind. Ich werde unten der Nahrung dererjenigen Würmer gedenken, vor welche diese Wohnung gebauet wird, und die aus solchen Dingen zusammen gesetzet ist, die zum bestimmten Gebrauche der öftern Wärme und einer gewissen Weiche bedürfen. Und wenn auch dieses nicht wäre, so ist denen, welche eine Kenntniß von Insecten haben, bekannt genug, daß einige derselben zu ihrem Leben und zu ihren Verwandelungen, viel Wärme, sonderlich zu gewissen Zeiten, gebrauchen. Unsere Maurerbiene scheinet von diesem allen etwas zu wissen, da sie, angeführtermaßen, gerade die wärmeste Himmelsgegend zu ihrem Baue erwählet, die kälteste aber weislich vermeidet. Ja, ihre Kenntniß gehet, dem Angeführten nach, weiter! Sie kennet nicht nur Morgen, Abend, Mittag und Mitternacht; sondern sie weis, dem Gemeldten zu Folge, so gar auch von der Wärme und Kälte dieser Gegenden, und deren Wirkung auf ihr Gebäude, zu urtheilen.

Von dem Bauorte der Maurerbiene wende ich mich, M. H., zu ihrem Gebäude selbst. Wie viele Ursachen zur Verwunderung werden sich auch hier zeigen!

Mörtel, jener aus Sand, Kalch und Wasser anfangs flüßige und weiche, zuletzt hart und versteinerte Leim, ist bekanntermaßen zur

Zu-

Zusammenfügung, Verbindung, und Befestigung der Steine einer Maure oder eines Gebäudes ganz unentbehrlich nothwendig. Ohne demselben würde es mit den prächtigsten Palästen mißlich aussehen und dieselben von schlechter Bestigkeit und Dauer seyn. Wer hat unserer Maurerbiene diese erste und nöthigste Bauregel gelernet? Wer hat ihr etwas von Mörtel, und den wesentlichen Theilen desselben, beygebracht? Und wer hat ihr die Kunst gewiesen, einen dem Mörtel völlig gleichen Bauleim zu machen?

Woraus ist das ganze Gebäude der Maurerbiene verfertiget? Daß es aus Sand bestehe, siehet das bloße Auge. Daß der Sand mit Erde vermischet sey, entdecket der Geruch, zur Noth das bloße Auge und das Zerreiben mit der Hand; und, wem alles dieses noch nicht überzeugend genug seyn sollte, das Aufweichen und Schleimen mit Wasser. Und daß dieser erhärtete Sandklumpen anfänglich, durch eine hinzugekommene Feuchtigkeit, von weicher und etwas flüßiger Beschaffenheit gewesen seyn müsse, daß wird, auch ohne Beweis, nicht leicht Jemand in Zweifel ziehen. Hier ist also Sand, hier ist Erde, welche die Stelle des zu Erde gebrannten Kalchsteines vertritt; hier ist Wasser, welches Sand und Erde anfänglich weich, und mit der Zeit erhärtet verbunden hat. Allein, wem ist unbekannt, daß bloße Erde und Sand nimmermehr zu einem vest-bindenden Mörtel werden können? So bald das Wasser, welches Sand und Erde anfänglich zu einer weichen Masse, und, vermöge der, obgleich geringen, Leimkraft des Wassers, etwas verbunden hatte, abgedunstet und verrauchet ist; so findet man auch dergleichen Klumpen sehr zerbrechlich, und können ohne große Mühe und Gewalt zerrieben und zerstöret werden. Es ist dahero der Kalch bey dem Mörtel mehr, als bloße Erde. Er hat eine, von keinem Naturkündiger noch sichtbar gemachte und ins sinnliche gesetzte, geheime bindende oder leimende Kraft. Wer hat es aber der Maurerbiene gelehret, sich selbst eine Feuchtigkeit zu zubereiten, und zu seiner Zeit aus sich selbst herzunehmen, die nicht wie bloßes Wasser, nur Sand und Erde vermischet und zu einer weichen Masse machet; sondern die auch eben so etwas leimendes und bindendes mit sich führet, welches den Kalch zu mehr, als einer bloßen truckenen Erde machet, und die der Erde und dem Sande, bey Abdunstung des Wässerigen, die nämliche Erhärtung und verbindende Kraft giebet, welche dem Kalche eigen ist. Gewis, M. H. die Maurerbiene, ohne einen Vitruv gelesen zu haben, handelt hierinn wie der geschickteste Baumeister!

Das Gebäude der Maurerbiene soll, wie sich in der Folge zeigen wird, nicht nur eine Wohnung, sondern zugleich auch theils ein Vorrathshaus und eine Speisekammer, theils ein sicherer Verwandelungsort, der Nachkommenschaft seyn. Erlauben Sie, M. H., daß ich bey jedem dieser Stücke etwas stehen bleibe.

Was die Wohnung betrift, so soll dieselbe den künftigen Bewohnern zuerst zu einer gemeinschaftlichen Behausung dienen, darinnen mehrere gleichsam unter einem Dache oder einer Decke leben können: hiernächst aber soll zugleich jeder Innwohner von den übrigen gänzlich abgesondert seyn, jeder seine eigene Zelle (*) oder Kammer haben; und jedem soll diese seine eigene Zelle zugleich eine solche Vorraths- oder Speisekammer (**) und ein solcher Schutzort der Verwandelung (***) seyn, daß keiner der Hülfe des andern bedürfe, noch einer vor dem andern etwas zu befürchten haben möge. Wie klug setzet die Maurerbiene alles dieses ins Werk! Sie erweiset sich hierbey gleich das erstemal, und ohne allen vorhergegangenen Unterricht, so bauverständig, als vielleicht kein ausgelernter Baumeister in gleichem Falle sich bezeigen würde!

Wenn die Maurerbiene nach vielen vorgenommenen Besichtigungen, sich einen tauglichen Ort zu Anlegung der Wohnung oder des Nestes, erwählet hat; so fängt sie, und zwar ohne alle Hülfe, den Bau selbst an. Alle die verschiedenen Verrichtungen, wozu bey Aufführung eines Gebäudes so viele Hände erfordert werden, verrichtet sie allein. Sie ist Baumeister, Sandführer, Kalchlöscher, Mörtelrührer, Handlang

(*) Tab. I. Fig. III. a. b.　(**) c.　(***) b.

langer, und Maurer. Und alle diese mannigfaltigen Arbeiten
verrichtet sie mit einer bewundernswürdigen Geschicklichkeit,
und Geschwindigkeit!

Wie fleißig und geschäftig, M. F., ist unsere Maurerbiene auf
einem Sandhügel, oder überhaupt an einem sandigen Orte. Wie genau betrachtet sie jedes Sandkörngen, wie behende kehret sie es mit ihren
Zähnen und Vorderfüßen nach allen Seiten um! Das zum Baue un-
taugliche Sandkörngen übergehet und wirft sie auf die Seite; das ihr
anständige hingegen, hält sie mit dem einen Vorderfuße feste, und wen-
det es hierauf mit den Zähnen hin und her. Anfänglich war dieses Sandkörngen staubig und trocken; itzo ist es feucht und naß, und die daran geses-
sene Stauberde ist aufgeweichet. Sie bleibet hierbey nicht stehen. Itzo
bewässert und befeuchtet sie mit einem, aus ihrem Munde zwischen den
Zähnen hervordringenden, klebrigen Safte ein Körngen nach den andern;
zugleich bewässert und befeuchtet sie hin und wieder den beyliegenden Staub
und Erde, sie drücket solche an das Sandkörngen an, und setzet auf diese
Weise mehrere Sandkörngen in Verbindung.

Alles dieses verrichtet sie in wenigen Augenblicken, und nunmehro
ist das einzelne und kleine Sandkörngen, durch Verbindung mit mehrern,
zu einer ziemlichen Größe gelanget und zu einem fast erbsengroßen mörtel-
artigen Klümpgen erwachsen. Und was wird nun unsere Biene anfangen?
Sie nimmt dieses Stückgen Mörtel zwischen ihre, zu dieser Verrichtung
ganz eigentlich, als eine Steinzange, gebaueten starken Zähne (*), er-
hebet sich und flieget davon.

Hier sehen Sie, M. F., das Wahre, aber auch das Fabelhafte,
in der Erzählung Plinius, daß die Honigbiene bey starken Sturm
und Wetter einen Stein zwischen die Zähne nähme, um sich
dadurch schwerer zu machen, und dem Winde und Sturme
Trotz bieten zu können. Es ist, dem Angeführten nach, wahr, daß
Die Maurerbiene. B Sie-

(*) Tab. II. Fig. IX. X.

Bienen zu gewissen Zeiten mit Steinen zu fliegen pflegen; allein sehr falsch ist es, daß es die Honigbiene sey, und daß diese Steine zu einer Art des Gegengewichts wider die Gewalt des Windes und Sturmes dienen sollen. Sie sind zu einem ganz andern Endzwecke bestimmet, wie ich gleich zu melden die Ehre haben werde.

Dort an jener Maure, an jenem vom Kalche und Mörtel entblöß= ten Steine (*), setzet sich unsere Maurerbiene mit ihrer Last zwischen den Zähnen nieder. Wie munter läuft sie hin und her; wie genau betrach= tet sie die ganze Fläche des Steines. Jtzo stehet sie stille. Der Ort des Steines, so unter ihren Zähnen ist, wird naß und feuchte; die Zähne fangen an, sich gegeneinander stark zu bewegen; das Stückgen Mörtel zwischen den Zähnen kommt bald oben, bald unten, bald auf die Seite zu liegen; auf diese Weise wird es immer nässer und durch und durch feuchte, und nun auf einmal drücket unsere Biene dieses Stückgen Mör= tel ungemein artig an derjenigen Stelle dem Steine auf, die sie vorher angefeuchtet, oder vielmehr mit einem klebrigen leimigen Safte überdün= chet, hatte. Sie hat sich also Sand geholet, sie hat Kalch gelöschet, sie hat Mörtel gerühret, sie hat, nach Art der Maurer, Mörtel an= geworfen, und der Grundstein zu ihrem Gebäude ist nunmehro geleget.

Unsere Maurerbiene verlässet uns; allein sie wird bald wiederkom= men. Dort kommt sie hergeflogen. Sie hat ein zweytes Stückgen Mör= tel zwischen ihren Zähnen; und in einem Augenblicke hat sie dasselbige auf die vorige Art mit jenem verbunden, nachdem sie so wohl das vorige Stückgen Mörtel, als neben demselben den Stein, angefeuchtet hat. Und itzt entfernet sie sich von neuem!

Wir wollen die Zeit ihrer Abwesenheit zur Betrachtung ihrer Arbeit anwenden. Es ist noch keine Viertelstunde, daß wir hier bey diesem Steine, und dem darauf angefangenen Gebäude, unserer Biene stehen; und doch ist schon eine runde Zelle einige Linien hoch aufgeführet, die einem umge= sehr=

(*) Tab. I. Fig. I. II.

:kehrten Fingerhute ziemlich ähnlich ist. Da wir noch das Innere sehen können, so wollen wir solches in Augenschein nehmen. Hier finden wir unten einen cirkelrunden, und so genau ausgeglichenen und glatten Boden, als ob er, nach Kufnerart, auf das fleißigste eingesprenget, und vorher, nach Hafnerart, auf das beste lasiret wäre. Wie glatt, gleich und schön poliret oder lasiret ist nicht die ganze innere Seitenhöhlung dieser angefangenen Zelle (*). Nun begreifen wir es, warum unsere Biene ihren Kopf so oft in das Innwendige steckte, so oft sie ein neues Stückgen Mörtel ansetzte; warum sie hierauf mit ihrem Vorderfuße arbeitete, drückte, und sonderlich mit dem linken Vorderfuße innwendig schnell hin und herfuhr.. Sie sahe nach, ob inwendig alles schön, rund und eben sey; sie gleichete aus, polirte und lasirte es; ihr Vorderfuß vertratt bey dieser Arbeit die Kelle und das Streichbret des Maurers!

Treten Sie, M. H., mit mir auf die Seite; unsere Maurerbiene ist schon wieder da; aber nicht wie vorhero mit Mörtel. Sie selbst ist wie mit gelbem Mehle überstäubet, und zwischen ihren Zähnen hat sie, statt des vorigen Mörtels, ein gelbes Klümpgen, so wachsartig aussiehet. Itzo stecket unsere Biene den Kopf mit dem gelben wachsartigen Klümpgen in die Zelle; und, nachdem sie das Klümpgen abgeleget, so benaget sie sich mit ihren Zähnen allenthalben; der Blumenstaub vergehet; zwischen ihren Zähnen zeiget sich, je weniger des Blumenstaubes an ihrem Leibe wird, ein immer größerwerdendes wachsartiges anderweitiges Klümpgen, welches sie ebenfalls in die Zelle bringet. Nun flieget sie, nachdem sie sich abgestäubet hat, in ihrer stahlblauen natürlichen Farbe wieder auf und davon.

Und was finden wir in der Zelle? Ein gelbes, wie aus Honig mit Blumenstaub vermischtes, wachsartiges, Klümpgen: Können wir zweifeln, daß unsere Maurerbiene hier schon anfänget, aus der Wohnung zugleich auch eine Vorraths- und Speisekammer zu machen? Und müssen wir uns nicht über die Vorsicht unserer Biene wundern,

B 2   daß

(*) Tab. I Fig. III. e.

daß sie itzt schon den Vorrath der künftigen Nahrung einträ=
get, da die Zelle noch eine solche Höhe hat, daß sie den Bo=
den erreichen kann; welches, wenn die Zelle noch ein und zwey=
mal so hoch wäre, ungleich schwerer, und wenn sie völlig aus=
gebauet wäre, fast gar nicht mehr angehen würde.

Die Zelle ist anitzo mit jener Honig= und Blumenstaubmasse ziemlich
angefüllet. Nun wollen wir sehen, was unsere Maurerbiene weiters
vornehmen wird?

Hier kommt sie abermals angeflogen; und zwar wieder, gleichwie
das erstemal, mit einem Stückgen Mörtel. Nunmehro fänget sie aufs
neue an die Zelle zu bearbeiten und höher aufzuführen. Itzt ist dieselbe
wirklich wieder einige Linien höher! Die Biene hat dieses kaum ver=
richtet, als sie schon wieder, statt des Mörtels, gelb bestaubt und mit ei=
nem gelben Klümpgen zwischen den Zähnen, ankömmt, und solches in die
Zelle bringet.

Nun ist die Zelle gegen einen Zoll hoch und ganz mit einer gelben,
aus Honig und Blumenstaub vermischten Masse angefüllet (*). Was
wird unsere Biene weiters thun?

In was für einer artigen Wendung und Stellung erblicken wir sie
itzo? Sie klammert sich mit den Füßen auf dem obern Rande der Zelle
fest an; sie strecket den Kopf und den größten Theil des Leibes über die
Zelle dergestalt hinaus, daß nur die Spitze des Hinterleibes in die Zelle
hinein reichet. Itzt beweget sich der Hinterleib und wird bald länger, bald
kürzer, und wie aufgeblasen. An der Spitze des Hinterleibes erscheinet
etwas weißes; es dringet immer weiter heraus; itzt fället es in die Zelle;
und unsere Biene machet sich davon. Was mag das wohl seyn, was un=
sere Biene aus ihrem Leibe gedrücket hat? Hier ist ein Vergrößerungs=
glas, lassen Sie uns damit nachsehen!

O wie

(*) Tab. I. Fig. III. c.

O wie unerwartet! Wir sehen hier einen kleinen länglichrunden Körper liegen, der einem Eye anderer Insecten vollkommen ähnlich ist.
Ohnlangbar hat die Biene in diesem Eye, dem daraus entstehenden Bie-
nenwurme diese Zelle zur Wohnung und Vorrathskammer angewiesen.

Unsere Biene erscheinet schon wieder, und hat abermals ein Stückgen Mörtel zwischen ihren Zähnen. Sie fänget an, die Zelle zuzuwöl-
ben. Itzt ist die Zelle wirklich völlig zugeschlossen, und nach dem Gleich-
nisse eines Fasses zu reden, nicht nur unten, sondern auch oben mit einem
Boden versehen. Und auf die Weise, wie wir diesen obern Boden haben bauen gesehen, muß zwischen dem Honigfutter, und dem Eye
wenig oder gar kein leerer Raum seyn (*).

Bis hieher haben wir die Gedult gehabt, zuzusehen, wie unsere
Maurerbiene eine Zelle gebauet, wie sie solche mit Vorrathe versehen,
ein Ey hineingeleget, und sie zugewölbet hat. Nunmehro sehen wir
auch schon die Anlage und den Anfang zu einer zweyten Zelle, die unsere Biene ausbauen will. Und auf diese Weise fähret sie in ihrer Arbeit
fort, bis sie eine gewisse Zahl der Zellen zu Stande gebracht.

Aber nun fängt sie eine neue Arbeit an. Sie bemühet sich über die
angelegten Zellen eine gemeinschaftliche mörtelartige Decke zu
bauen, und auf diese Weise alle Zellen unter ein gemeinschaftliches Dach
zu bringen (**). Sie verfähret bey dieser neuen Arbeit in allen Stücken,
wie bey dem Baue der Zellen; und diese werden durch die darüber gezo-
gene Decke dergestalt umkleidet, daß man zuletzt von ihnen selbst nicht das
Geringste gewahr wird.

Ich habe, M. H., oben gesaget, daß dieses Gebäude der Maurerbiene den Innwohnern theils zur Behausung, theils aber zur Speisekammer dienen solle. Beydes, hoffe ich, wird nun begreiflich seyn.
Allein, ich habe oben noch einen dritten Endzweck dieses Gebäudes ange-
geben. Ich habe gesaget: es solle dasselbe auch einen Sicherheitsort
der Verwandelung abgeben. Was heißet dieses; wie werde ich es
                                                                    B 3   erwei-

(*) Tab. I. Fig. III. c.   (**) Fig. I. II.

erweisen können; und was werden wir in dieser Absicht Merkwürdiges
antreffen?

Gönnen Sie mir, M. H., noch einige Augenblicke Geduld; und
ich verspreche Ihnen, Sie in ein weites Feld der bewundernswürdigsten
Dinge zu führen.

Ich nehme aus der Insectengeschichte, als bekannt, an: daß die
Bienen zu derjenigen Art Insecten gehören, aus deren Eye ein Wurm
kommt, aus dessen Wurm zu seiner Zeit eine ohne alle Nahrung fortdau-
rende, jedoch weder vollkommen lebende, noch auch völlig todte, Puppe,
und also etwas Drittes wird, das einen Mittelstand zwischen Leben
und Tod ausmachet; und daß endlich aus dieser Puppe wieder ein le-
bendiges Geschöpfe, und zwar eben ein solches wird, als dasjenige
war, von welchem anfänglich das Ey geleget wurde. Und eben diese Veränderungen der Insecten werden die Verwandelung genennet. Wie vieles könnte ich, M. H., sagen, wenn ich alles anführen wollte, was Man-
nigfaltiges und Verwunderungswürdiges sich bey diesen Verwandelungen der Insecten veroffenbaret. Allein, ich bleibe bey unserer Maurerbiene stehen.

Auch diese hat ihren Ursprung aus einem Eye genommen; sie kam
aus demselben als ein Wurm (*); aus dem Wurme wurde eine Puppe (**); und aus der Puppe ein geflügeltes Insecte, das, was sie ist,
nämlich eine Biene ihrer Art (***). Und hierinnen stimmet ihr Schick-
sal mit demjenigen überein, so ihren Nachkommen zu Theile wird. Allein, wer hat der Maurerbiene dieses alles bekannt gemacht?
Wer hat sie den verschiedenen Uebergang ihrer Jungen aus einem Stande in den andern durch besondere Verwandelungen
zum voraus gelehret? Wer hat sie angewiesen, für alles das
Verschiedene genau zu sorgen, alles dasjenige zu veranstalten
und zu verschaffen, was Jedes ihrer Nachkommen in jenen
ver-

(*) Tab. IV. Fig. XI. XII.   (**) Tab. V. Fig. III. IV.   (***) Tab. II.
Fig. I. II. III. IV. V. VI.

veränderlichen Umständen, als Wurm, als Puppe, als Biene,
verschiedentlich bedürfen werde? Warlich hier stehet der menschliche Verstand stille!

Sie sehen hier, M. H., ein mit Vorsicht abgelösetes ordentliches
und natürliches Gebäude, oder Nest, der Maurerbiene (*). Auf der
äußern Seite sehen Sie an diesem Neste weiter nichts, als die zwar nicht
ganz gleiche, aber doch auch nicht sehr rauhe gewölbte Oberdecke, welche dort bey jenem Neste ganz (**), hier aber bey diesem Neste (***)
mit einigen großen und kleinen Löchern versehen ist. Hier aber, auf der
untern Seite, wo es dem Steine angebauet gewesen (†), sehen Sie, im
Großen genommen, eine ziemliche Fläche. Sie sehen weiters, daß diese untere Fläche gewisse Höhlungen hat, deren einige, obgedachtermaßen, leer
sind (††), andere mit einem zarten und halbdurchsichtigen Häutgen, durch
welches etwas gelbliches oder weißliches, oder auch dunkeles, schimmert (†††),
angefüllet sind. Hier in einer dritten Höhle, sehen Sie etwas wachs-
und honigartiges (‡), und wenn Sie etwas davon versuchen würden, so
würde auch der Geschmack so seyn. Noch in einer andern Höhle, sehen
Sie eine ganze Menge kleiner häutigen Kügelgen (‡‡).

Lassen Sie uns erst diejenige Höhle in Augenschein nehmen, welche leer ist (‡‡‡). Sie sehen, daß sie länglichrund ist, doch so, daß sie
insgemein oben und unten einen kleinern Durchschnitt hat, als in der Mitten, wo sie bauchig ist; und daß also eine jede Höhle, im Kleinen, einem
länglichen Weinfasse ziemlich gleichet. Sie sehen ferner, daß der untere
Boden inwendig glatt, gleich, und etwas glänzend, der obere aber
gewölbet ist; und daß das Gleiche, Glatte und Glänzende auch von dem
ganzen Innern oder den Seitenwänden der Zelle gilt. Das Anmer-
kungswürdigste aber ist dieses, daß wenn wir einige dieser Höhlen,
oder Zellen, auch nur dem Augenmaße nach, noch gewisser aber mit
dem Maaßstabe, abmessen und gegeneinander vergleichen, wir finden,
daß

(*) Tab. I. Fig. III. (**) Fig. I. (***) Fig. II. (†) Fig. III. (††) e. f.
(†††) b. (‡) c. (‡‡) d. (‡‡‡) e.

daß es unter ihnen bestimmte größere, und bestimmte kleinere, Höhlen oder Zellen giebt!

Laſſen Sie uns eine ſolche Zelle anſehen, die mit einem dünnen Häutgen umgeben iſt (*). Hier finden wir auf der einen Seite, und gleichſam in einem Winkel kleine ſchwarze Klümpgen, die wie Unrath ausſehen (**). Und was mag wohl dasjenige ſeyn, ſo in dieſen Häutgen verborgen lieget, und welches in der einen Zelle gelblich und in einer andern Zelle weiſlich, durchſchimmert! Wir wollen eines dieſer Häutgen heraus nehmen, und aufſchneiden.

Hier (***) ſehen ſie ein länglichrundes Geſpinnſte, ſo pergamenthäu- tig und halbdurchſichtig iſt, und einer ſo genannten Dattel der Seiden- würmer ſehr gleich kommt; und wenn wir mehrere gegeneinander halten, ſo werden wir finden, daß ebenfalls einige größer (†), andere kleiner (††) ſind. Ich will eines davon aufſchneiden. Wir finden darinn einen weiſſen Wurm (†††), der ziemlich groß und dick iſt, und welcher todt zu ſeyn ſcheinet. Ich will ein anderes aufſchneiden, wo etwas gelbes durch- ſchimmert. Auch hier finden wir einen Wurm (‡), der dem vorigen voll- kommen gleich, nur gelblich, ausſiehet, und der ſehr merklich kleiner iſt. Ich ſchneide ein drittes auf, welches nicht ſo, wie die vorigen durchſich- tig iſt; und hier treffen wir etwas an, das weder ein Wurm, noch eine vollkommne Biene iſt, ob es gleich mehr Bienenartiges, als Wurmähn- liches hat, und welches, wann man es berühret, einige Bewegung ma- chet und damit ein dunkles Kennzeichen des Lebens von ſich giebet, und eine Puppe, oder der verwandelte Bienenwurm iſt. Ich ſchneide ein vier- tes auf, hier zeiget ſich eben das, was wir in den vorigen ſahen, nur merk- lich kleiner (‡‡). Ich ſchneide ein fünftes auf, allwo etwas ganz dunkel und ſchwärzliches durchſcheinet. Und hier, M. H., erſcheinet eine or- dentliche Mauerbiene. Sie ſiehet ſchwarz- oder ſtahlblau aus; ſie iſt
etwas

(*) Tab. I. Fig. III. b. (**) Tab. I. Fig. III. b. Tab. IV. Fig. IIX. b. (***) Fig. IIX. (†) Fig. X. (††) Fig. IX. (†††) Fig. X. c. (‡) Fig. IX. c. (‡‡) Fig. IX. c.

etwas groß, sie beweget die Zähne, und bemühet sich mit dem Kopfe, den Zähnen und Füßen, sich aus ihrem Gefängnisse zu helfen. Ich schnitte endlich ein sechstes auf, wo zwar auch etwas dunkeles, aber gelbes, durchschimmerte. Und auch hier ist eine lebendige Biene; die aber meistens gelblich und merklich kleiner ist, als jene stahlblaue. Und da wir oben gesehen haben, daß die größere und stahlblaue Biene Eyer von sich gegeben; so werden wir nicht zweifeln dürfen, daß diese das Weibgen ist; und daß jene kleinere und gelbliche Biene das Männgen seyn werde.

Nachdem ich Ihnen, M. H., die Beschaffenheit der innern Höhlen und Zellen dieses Maurerbienennestes vor Augen geleget habe; so können wir uns nun von dem eigentlichen Baue dieser Zellen selbst, von ihrem verschiedenen Innhalte, und von ihren Absichten, richtige Begriffe machen; und dieses wird dazu dienen, uns von dem bewundernswürdigen Verstande, und von der Klugheit und Vorsicht dieses Insectes, wo ich anders von Thieren mich dieser Ausdrücke bedienen darf, zu überzeugen.

Sie werden sich erinnern, da wir zusahen, wie die Maurerbiene ihre Zellen bauete, daß sie solche mit einem honigartigen Futter fast gänzlich anfüllete; auf dasselbe ein Ey legete, und die Zelle zuwölbete. Wir haben allererst bey der genauen Beobachtung und Oeffnung der Zellen, in einigen bald größere, bald kleinere Würmer; in andern theils größere, theils kleinere Puppen; und in noch andern theils größere, theils kleinere Bienen gefunden; und zwar dieses allezeit mit den unveränderten Umständen, daß die größern Würmer, Puppen und Bienen, oder die Weibgen, sich in den größern Zellen, und die kleinern Würmer, Puppen, und Bienen in den kleinern Zellen befanden. Wenn wir nun dieses voraussetzen; können wir zweifeln, daß diese Zellen dazu gebauet sind, daß sie, wie wir oben sagten, die Wohnung, die Speisekammer und der Verwandlungsort der Nachkommenschaft unserer Maurerbiene seyn sollen?

Die Maurerbiene.　　　　C　　　　Aber,

Aber, was wollen wir dazu sagen, daß wir diese Zellen höchst-
regelmäßig und auf das genaueste, auch nach den kleinesten Umständen, so gebauet finden, wie es der angeführte dreyfache
Zweck erfordert? Ja, was wollen wir ferner dazu sagen, wenn wir
zeigen können, daß auch der aus dem Eye entstehende Wurm
sich dieser Wohnung, Speisekammer und Verwandelungsortes,
jenen Absichten gemäß, so zu bedienen weis, daß es zweifels-
haft zu werden scheinet, ob die Mutterbiene in Bauung dieser
Zellen, und dieses gemeinschaftlichen Hauses, mehr Weisheit und
Verstand bewiesen habe, oder ob der Bienenwurm im Gebrauche und Nutzung dieser Zellen, weislicher und klüger zu nen-
nen sey!

Sagen Sie mir, M. H., muß die Mutterbiene nicht eine
Kenntnis von dem verschiedenen Geschlechte ihrer Nachkommen, und zwar auch so gar von der Verschiedenheit der Größe
der Weibgen und der Männgen haben? Wüßte Sie nicht,
daß die Weibgen größer und die Männgen kleiner sind; warum
baute sie große und kleine Zellen? wäre es ihr unbekannt, daß
die Weibgen zu ihrer Nahrung mehr Futter, als die Männgen, gebrauchen; warum füllete sie die kleinern Zellen mit we-
nigerm, und die größern mit mehrerm Futter an? Sähe Sie
nicht vorher, aus welchen von ihren Eyern ein Weibgen, und
aus welchen ein Männgen werden wird; warum legte sie in
die größern Zellen ein weibliches Ey, und in die kleinern Zellen
ein männliches Ey?

Ja, welches alles andere übertrift! Die Mutterbiene weis so gar
die Ordnung, in welcher die männlichen und weiblichen Eyer
in ihr und von ihr auf einander folgen. Wie könnte sie sonsten
diesmalen eine größere Zelle bauen, und ein weibliches Ey darein legen;
und hierauf erst wieder eine andere Zelle bauen, in welche sie, wenn sie größ-
ser ist, abermalen ein weibliches Ey leget, wenn sie aber kleiner ist, ein
männ-

männliches Ey leget. Ist in diesen Stücken die Mutterbiene nicht
viel weit sehender, als keine menschliche Mutter? Weis diese letz-
tere die Anzal und das Geschlechte derer, die aus ihr kommen sollen, vorher zu bestimmen? Kann sie ihre Größe angeben? Weis sie, welches
von ihren Kindern mehr oder weniger zu seines Lebens Nahrung gebrauchen wird? Kann sie sagen, wenn sie in gesegneten Umständen sich befindet, wie viel Kinder, ob eines, oder zwey, oder drey von ihr werden gebohr-
ren werden? Und wenn sie auch wüßte, daß mehr als ein Kind von ihr
an des Tageslicht kommen würden, kann sie sagen, ob es ein Knäblein
oder Mägdlein sey, und ob dieses oder jenes erst erscheinen werde? Wie
groß, M. H., scheinet nicht der Vorzug der Mutterbiene vor
den Menschen in diesem Stücke zu seyn!

Lassen Sie uns aus obigen Betrachtungen weiter schließen. Die
Mutterbiene füllete, wie wir sahen, die Zellen mit Speise voll an; und
wölbte sie also zu, daß bey nahe gar kein leerer Raum blieb. Muß die
Mutterbiene nicht wissen, und wer hat sie diesen physicali-
schen Satz gelehret, daß der freye Zutritt der gröbern und äuf-
fern Luft dem süßen Honigfutter schädlich sey und es schimmlich
machen würde? Wir haben gesehen, daß aus dem kleinen Eye ziemlich große Würmer werden; wo werden diese Platz und Raum haben,
da die Zelle voll angefüllet ist? Wer hat es aber der Mutterbiene gesaget, daß der Wurm durch Verzehrung des Futters sich von
Zeit zu Zeit so viel Platz machen werde, als er durch den Fraß
an Größe wachse und zunehme? Eine Menge sorgfältiger Erfahrungen, haben mir und einem unsterblichen Reaumur gezeiget, daß, wenn
der Bienenwurm ausgewachsen ist, und er sich zur Verwandelung anschi-
cket, gerade auch das Futter aufgezehret ist. Wer hat also der Biene
die Kunst beygebracht, nicht mehr und weniger einzutragen,
als jeder Wurm bis zum Uebergange in die Puppe brauche? Ich
sage: nicht mehr, sonst würde die Puppe bey Abstreifung des Wurm-
balges in dem Honigfutter kleben bleiben und verderben. Aber auch nicht
weniger; sonst würde der Wurm nicht vollkommen auswachsen können,

sondern verhungern und früher sterben müssen, als er sich verwandeln könne
te. Bey nahe sollte man auf die Gedanken kommen, die Mauerbiene
ne verstünde Logic und Physic ; sie könnte Schlüsse machen;
und wiffe wenigstens besser und gewiffer zu überschlagen, wie
viel Speise jedes ihrer Jungen bis zu jener Art des Todes , da
es eine Puppe wird, nöthig hat; als kein Mensch die Speise seines
Kindes bis an seinen Tod angeben, weniger auf einmal also anschaffen
und aufbewahren kann, daß das Kind Tag vor Tag vor sich findet, und
nur genieffen darf, was es zu seiner Lebenserhaltung jedesmal nöthig hat!

Wir erinnern uns ferner aus Obigem, daß die Mutterbiene ihre Nester nur gegen die warmen Himmelsgegenden bauet, nie aber gegen Nor-
den; daß sie die Zellen mit einer allgemeinen Decke überziehet ; und daß
sie den untern Boden der Zelle dicker und stärker machet, als den obern?
Woher weis die Mutterbiene, ohne ein Reaumürisches oder
Fahrenheitisches Thermometer, den Grad und die Wirkung der
Kälte und Wärme, und sonderlich ihren Einfluß in das Honigfutter und in die Ausbrütung der Jungen? Wer hat es sie gelehret, daß die Zellen ohne Decke, theils von den unmittelbaren
Sonnenstrahlen gar zu viel leiden, theils vom Wetter, Regen
und Schnee leicht aufgeweichet werden könnten? Wer hat ihr
beygebracht, daß eine gewölbte Decke am schicklichsten sey, den
anschlagenden Regen und schmelzenden Schnee am geschwindesten ablaufen zu machen? Und wer hat endlich unsere Mutterbiene unterrichtet, daß ihr Junges dermaleins wieder zur Biene
werde; daß sich solche mit den Zähnen durch die Zelle und obere
Decke des Nestes durchbeissen müsse, und daß sie also durch die
dünnere Verfertigung des obern Bodens dieser künftigen Biene
theils den Weg zeigen, theils die Arbeit, aus dem Gefängnisse
in die Freyheit zu kommen, erleichtern könne und müsse?

Und

Und so könnte ich noch eine Menge der wichtigsten Anmerkungen machen, die uns von der Klugheit und Vorsicht der Maurerbiene und trügliche Beweise an die Hand geben würden! Ja, was vor ein weites Feld der stärksten Bewunderung der Macht und Weisheit des Schöpfers würden wir nicht erst da antreffen, wenn wir den künstlichen Bau der Maurerbiene selbst und ihrer Theile, sonderlich ihre Saugröhre (*), Zeugungstheile (**) u. s. weiter betrachten wollten! Doch ich muß abbrechen! Und will nur noch mit wenigem der ebenfalls großen Klugheit des Bienenwurms, der endlich daraus entstehenden neuen Biene, und davon etwas gedenken, was alle bemerkte Klugheit und Vorsicht der Mutterbiene manchmal gleichwohl vereitelt, und ihrer Nachkommenschaft zum Verderben gereichet.

Wie artig, kunstreich und klüglich gehet der Bienenwurm nicht zu Werke, ehe er seine Wurmhaut ableget! Wie scheinet er es so zu wissen, daß er izo in einen Zustand übergehet, in dessen ersten Grunden er nichts so sehr zu vermeiden habe, als daß seine neue und zarte Haut, durch nichts ungleiches rauhes und höckeriges möge gedrücket werden? Und hier haben wir den Grund, warum wir in einigen Zellen den Wurm in einem inwendig vollkommenen glatten, glänzenden und lassirten Häutgen oder Gespinnste fanden (*). Kann er aus einer andern Ursache sich dieses verfertiget haben, als weil ihm, die, schon von der Mutter glatt bereitete Zelle, noch nicht glatt genug scheinet, um ohne Gefahr in eine Puppe überzugehen, und daß er sie also noch mit einer solchen Tapete ausfüttern und überlassiren müsse? Ist es nicht wunderbar, daß dieser Wurm, der noch nie das Tageslicht gesehen hat, eine solche feine Tapete im Finstern zu verfertigen weis? Und das ist es noch nicht alles, M. H.! Eben dieser Bienenwurm kennet im Finstern seinen Unrath, und weis solchen, aus den nämlichen erstgedachten Ursachen, außerhalb dem Gespinnste zu schaffen (**). Erinnern Sie sich hier der schwarzen

C 3

zen

(*) Tab. III. (**) Tab. IV. Fig. I-IV. (*) Tab. I. Fig. III. b. g. Tab. IV. Fig. IX. X. (**) Tab. I. Fig. III. b. Fig. IV.

sen Klumpen, die wir oben bey einander außerhalb dem Gespinnste fanden; und Sie werden mir Beyfall geben? Ist das nicht etwas, welches der menschlichen reiffsten Ueberlegung und Sorge vor sein Bestes, und der Geschicklichkeit alles Schädliche von sich zu entfernen, gleich stehet?

Ist es endlich, obgedachtermaßen, mit der jungen Biene so weit gekommen, daß nichts mehr übrig ist, als daß sie aus ihrem Gefängnisse hervortrete, so ist auch diese letzte Arbeit ihr selbst überlassen. Sie beisset mit ihren Zähnen, die auch stark und scharf genug dazu sind (*), sich durch, und eröfnet sich auf diese Weise einen Weg zum Ausgange. Allein, wer hat der Biene gesaget, welchen Weg sie nehmen muß? Warum versuchet sie nicht, sich an der Seite durchzubeissen, wo das Nest dem Steine oder Felsen fest anhänget? Warum nicht nach den Seiten zu, wo die Nebenzellen liegen? Warum genau an dem Orte, der in gerader Linie dem freyen Felde zusiehet, folglich wo sie sich am geschwindesten und sichersten durcharbeiten kann (**)? Ein neuer Grund der Verwunderung!

Jedoch, so sehr die Klugheit, Vorsicht und Geschicklichkeit der Mauerbiene, vermöge des Angeführten, immer zu bewundern seyn mag; so viel und mannigfaltig sind dennoch, wie auf der einen Seite ihre Unvollkommenheiten, so auf der andern Seite ihre Feinde, wodurch alle ihre Klugheit, Vorsicht, und Sorgfalt vereitelt wird!

Eine Menge der bekannten Schlupfwespen (***) (ichneumon); allerhand Arten anderer wilder Bienen; verschiedene Gattungen Fliegen (†), und sonderlich eine gewisse Käserart (††), wissen die Mauerbiene zu überlisten, und ihre Eyer zu der Zeit in die Höhlen und Zellen zu legen, wenn sie, wie oben gedacht worden, abwesend ist.

Die

(*) Tab. II. Fig. IX. X. XI. XII. (**) Tab. I. Fig. II. a. £ (***) Tab. I. Fig. III. d. (†) Tab. V. Fig. XIII. XIV. XI. XII. (††) Tab. V. Fig. X. V. VI. VIII.

Die gute Maurerbiene überstehet das Afterey; und bauet die Zellen in der besten Meynung zu. Allein, so bald der Afterwurm der Fliege (*), oder des Käfers (**), oder anderer Bienen, u. s. w. zum Vorscheine gekommen, so bald zehren solche nicht nur mit dem rechtmäßigen Innwohner eine Zeitlang von dem Honigfutter ; sondern fressen ihn zuletzt selbst auf.   Ja, der Käferwurm ist so raubgierig und vielfräßig, daß er sich so gar auch in die anliegenden Zellen durchbeisset, und daselbst Futter und Innwohner aufzehret.   Trauriges Bild solcher Menschen, die in dem Raube und Untergange des unschuldigen Nächsten ihre Nahrung suchen und darauf ihre Wohlfarth bauen!

Und hiebey bleibe ich stehen; und überlasse es Ihnen, M. Z., aus alle dem, was ich von der Maurerbiene zu sagen die Ehre gehabt habe, Folgen zu ziehen! Gewis, wer bey dieser Betrachtung nicht die Hand eines allmächtigen und weisen Wesens erkennet, wer hier nicht vieles zu seiner Demüthigung lernet: der ist des Lebens und des Verstandes nicht würdig, womit ihn GOtt begnadiget hat!

(*) Tab. V. Fig. XI.   (**) Fig. V.

Erklä=

Erklärung der Kupfertafeln.

Die erste Tafel.

Fig. I. Ein ziemlich rundes und undurchlöchertes Bienenneſt, wie es einem Steine angebauet iſt.

    a. das Bienenneſt ſelbſt.

    b. b. b. b. Der Stein, dem das Neſt angebauet iſt.

Fig. II. Ein länglich rundes Bienenneſt, wie es ebenfalls einem Steine angebauet, aber auf verſchiedene Art und von verſchiedenen Inſecten durchlöchert iſt.

    a. eine Oeffnung, durch welche ſich eine ordentliche Maurerbiene gearbeitet hat.

    b. c. kleinere Oeffnungen, durch welche ſich Schlupfweſpen, und andere dergleichen Afterinnwohner die Freyheit verſchaffet haben.

    d. eine Oeffnung, durch welche der ſchädliche Käfer (Tab. V. Fig. X.) ſeinen Ausflug genommen hat.

    e. eine Oeffnung, durch welche die ſchimmelartige Fliege (Tab. V. Fig. XIII. XIV.) dergeſtalt ans Licht gekommen iſt, daß ſie ihren Puppenbalg (Tab. V. Fig. XII.) erſt in der Oeffnung gänzlich abgeſtreifet und ſolchen darinnen ſtecken gelaſſen hat.

Wobey es ſonderbar zu ſeyn ſcheinet, wie dieſe Oeffnung von der Fliege habe können gemacht werden, da ihr nicht nur die Zähne, als die gewöhnlichen Werkzeuge der Maurerbiene und des Käfers, gänzlich fehlen, ſondern da auch an ihrer Puppe beym erſten Anſcheine nichts dazu dienliches bemerket wird. Daß aber die Fliege, wie einige Arten der Zwiefalter, blos mit Entlaſſung eines Saftes, und folglich durch Aufweichung, dergleichen Oeffnung mache, läſſet ſich bey einem ſo erhärteten Körper, als das Neſt iſt, noch weniger behaupten.

f. eine

f. eine Oeffnung, durch welche sich eine Maurerbiene zwar gear-
beitet, aber darinnen stecken geblieben und umgekommen ist.
Ich habe gar oft dergleichen im Durcharbeiten umgekommene
Bienen angetroffen, ohne daß ich die Ursache davon habe ent-
decken können. Wie ich denn auch ganze Nester gefunden,
in deren Höhlen, oder Zellen, ich die vollkommenen Bienen
todt und zum Theile schon vermodert angetroffen habe.

Fig. III. Das vorhergehende Bienennest, wie es vom Steine abgelöset ist
und sich auf der untern Seite zeiget.

    a. eine Höhle, oder Zelle, welche mit einem fast undurchsichtigen
    Häutgen überzogen ist, und in welchem der verwandelte Bie-
    nenwurm sich befindet.

    b. eine Höhle, oder Zelle, welche mit einem halbdurchsichtigen
    Häutgen überkleidet ist, durch welches nicht nur der darinnen
    liegende und sich zur Verwandelung anschickende Bienenwurm
    schimmert, sondern an welchen auch unten der künstlich heraus-
    geschaffte Unrath, in schwarzen Klümpgen, gesehen wird.

    c. eine Höhle, oder Zelle, mit Honigfutter angefüllet.

    d. eine Höhle, oder Zelle, welche mit einer Menge häutiger Kü-
    gelgen angefüllet ist, in deren jedem ein verwandelter Schlupf-
    wespenwurm sich befindet.

    e. eine leere Höhle, oder Zelle, aus welcher das Häutgen, mit
    welchem solche sonst austapeziret sind, darum völlig weggenom-
    men worden ist, damit man die glatte Lassur der Zelle selbst um
    so deutlicher sehen könne.

    f. eine leere Höhle, deren Inneres aber noch mit dem ordentlichen
    Häutgen austapeziret ist.

    g. die Hälfte des erstgedachten zerschnittenen Häutgens, wie es auf-
    geschlagen ist.

Fig. IV. Ein Stück eines sehr ungleichen Bienennestes, in dessen Oeffnung
    a. ein Bienenweibgen sich dergestalt verborgen hat, daß nichts

Die Maurerbiene.   D   als

als der Hinterleib, und die Flügelspitzen gesehen werden. Da
ich dergleichen Bienen nie, als sehr frühe oder sehr späte, und
sonderlich, wenn es um diese Zeiten naß oder regnerisch ge=
wesen, angetroffen habe; so schliesse ich hieraus, daß sie sich
auf diese Weise vor Regen und Nässe verwahren. Vieleicht
suchen sie auch dadurch gewissen Nachstellungen ihrer Feinde zu
entgehen.

Fig. V. Sonderbar gebauete Bienennester einer, mir noch unbekannten,
wilden Biene. Ich habe solche nur ein einzigesmal auf einem Steine
gefunden. Jedes dieser Nester und Zellen, war aus lauter einzeln
und groben Sandkörngen gebauet, und stelle eine runde und sehr
bauchige Flasche mit einem engen und kurzen Halse vor. Dieser
Hals hatte oben eine schmale Randeinfassung und in der Mitten eine
Oeffnung. Das Artigste und Wunderbarste aber war dieses, daß die
Oeffnung mit einem solchen runden Sandkörngen auf das genaueste
zugedecket und also verschlossen war, daß keine äussere Luft in das
Innere des Nestes oder der Zelle kommen konnte.

Fig. VI. Ein Paar Zellen, wie ich sie manchmal angetroffen, und da=
von die zur linken Hand offen, die zur rechten Hand aber zugebauet,
ist. Ich halte sie ebenfalls vor das Gebäude einer noch unbekannten
wilden Bienenart.

Fig. VII. Ein Bienenwurm, welchen ich in einer der erstgedachten
(Fig. V.) Bienennester gefunden habe.

Die zweyte Tafel.

Fig. I. Ein Weibgen der Maurerbiene; in natürlicher Grösse und wie es
sitzet.

Fig. II. Ein dergleichen Bienenweibgen, wie es flieget.

Fig. III. Ebendasselbe, wie es auf dem Rücken lieget, und mit ausgebrei=
teten Flügeln.

Fig. IV.

Fig. IV. Ein Männgen der Maurerbiene; in natürlicher Größe und wie es sitzet.

Fig. V. Eben dergleichen Bienenmänngen, wie es flieget.

Fig. VI. Eben dasselbe, wie es auf dem Rücken lieget, und mit ausgebreiteten Flügeln.

Fig. VII. Ein vergrößertes Fühlhorn des Bienenweibgens. Es ist solches, in Vergleichung mit dem Fühlhorne des Männgens, etwas kleiner, und hat auch um ein Glied weniger, als das Fühlhorn des Männgens, indem dieses, auſſer dem Kügelgen, womit es dem Kopfe aufstehet, 12. Glieder oder Gelenke, jenes aber 13. Glieder oder Gelenke hat; von welchen das unterste, welches dem Kopfkügelgen angegliedert, ungleich länger, als die übrigen, ist, doch so, daß bey den Männgen solches wieder länger als bey den Weibgen bemerket wird.

a. das Kügelgen, mit welchem das Fühlhorn dem Kopfe angegliedert ist.

b. das erste Gelenke des Fühlhornes, welches unter allen das längste.

c. c. die übrigen eilf Gelenke.

Fig. VIII. Ein vergrößertes Fühlhorn des Männgens.

a. ein Stückgen von dem Kügelgen, womit es dem Kopfe ansitzet.

b. das erste und längste Gelenke des Fühlhornes.

c. c. die übrigen zwölf Gelenke.

Fig. IX. Ein vergrößerter Zahn des Weibgens, nach der obern Fläche. Man erkennet aus der Vergleichung desselben mit dem Zahne des Männgens (Fig. XI. XII.), daß er nicht nur ungleich größer und stärker, sondern auch, seinem Zwecke gemäß, mit einer breitern Seitenfläche versehen ist, als die Zähne der Männgen.

Fig. X

Fig. X. Ebenderselbe Zahn des Weibgens, nach der untern oder innern Fläche.

Fig. XI. Ein Zahn des Männgens, nach der obern oder äußern Seite.

Fig. XII. Eben derselbe, nach der untern oder innern Seite.

Fig. XIII. Ein vergrößerter Oberflügel des Weibgens der Maurerbiene.

Fig. XIV. Ein vergrößerter Unterflügel des Weibgens.

Fig. XV. Ein sehr stark vergrößertes Stück des Oberflügels des Weibgens, an dessen äußern Seite in der Mitte

    a. eine Reihe sehr zarter und krummer Hälgen sich befinden, deren Zweck und Nützen mir aber unbekannt ist.

Fig. XVI. Das vergrößerte Brustbild eines Weibgens der Maurerbiene, von welchem man aber die Haare abgeschoren hat.

    a. der Ansatz der Flügel.

    b. c. die Luftlöcher.

    d. der Anfang des Vorderfußes.

    e. der Anfang des Mittelfußes.

    f. der Anfang des Hinterfußes.

    g. der Anfang des Leibes.

Die dritte Tafel.

Obgleich in der Rede selbst von dem sonderbaren Bane und Gebrauche der Saugröhre der Maurerbiene, und welche von andern auch die Schnauze, oder Zunge, pflegt genannt zu werden, nichts hat können gedacht werden; auch Swammerdam und Reaumur, bey der Beschreibung der Honigbiene, hievon schon ausführlich gehandelt haben; so hat man doch die Abbildungen davon auf dieser Tafel genau anzugeben vor gut erachtet.

Fig. I.

Fig. I. Ein vergrösserter Kopf des Weibgens der Maurerbiene, nach der Seite betrachtet.

　　a. die Fühlhörner.

　　b. die Zähne, wie sie geschlossen sind und sich vorne kreuzen.

　　c. die hornartige Oberlippe.

　　d. die senkrecht liegende und etwas gebogene Saugröhre innerhalb ihrem Futterale.

　　e. das grössere, oder zusammengesetzte und netzförmige Auge.

Fig. II. Eben derselbe Kopf, wie er unterwärts aussiehet.

　　a. die geschlossenen Zähne.

　　b. b. die Fühlhörner.

　　c. die innerhalb seinem Futterale liegende Saugröhre, davon die obere Hälfte von der Oberlippe gedecket ist.

Fig. III. Der vorige Kopf; an welchem die in ihrem Futterale liegende Saugröhre aufwärts geschlagen ist.

　　a. a. die Fühlhörner.

　　b. b. die etwas auf die Seite gebogenen Zähne.

　　c. die Saugröhre.

Fig. IV. Ein vergrösserter Kopf des Weibgens der Maurerbiene, mit etwas sichtbarer Saugröhre, und nach der obern Seite betrachtet.

　　a. die drey kleinen oder einfachen Augen.

　　b. b. die Fühlhörner.

　　c. c. die grössern, oder zusammengesetzten und netzförmigen, Augen.

　　d. d. die Zähne.

　　e. e. das gegliederte Paar Halbscheiden.

　　f. f. das ungegliederte oder sensenartige Paar Halbscheiden.

　　g. die Saugröhre.

　　　　D 3　　　　　　　　　　Fig. V.

Fig. V. Der vorige Kopf, nach der untern Seite betrachtet.

    a. die Haut, mit welcher der Kopf dem Brustschilde angegliedert ist.

    b. b. die Fühlhörner.

    c. c. die Zähne.

    d. d. das gegliederte Paar Halbscheiden.

    e. e. das ungegliederte oder sensenartige Paar Halbscheiden.

    f. die Saugröhre.

Fig. VI. Eben derselbe Kopf, an dem die zwischen ihrem Futterale liegende Saugröhre auf das stärkeste und dergestalt aufgeschlagen ist, daß auch seine häutige und weisse Grundfläche möge erkannt werden.

    a. a. die Fühlhörner.

    b. das erste schwarze und hornartige Gelenke der Saugröhre, oder vielmehr die Grundfläche der Halbscheiden.

    c. c. die Bärtgen der ungegliederten oder sensenartigen Halbscheiden.

    d. d. die ungegliederten oder sensenartigen Halbscheiden selbst.

    e. die Saugröhre.

    f. f. die Bärtgen der gegliederten Halbscheiden.

Fig. VII. Der vergrößerte Kopf des Weibgens der Maurerbiene, an dem die Theile der Saugröhre auseinander gelegt sind, und jeder besonders zu erkennen ist.

    a. a. die Fühlhörner.

    b. das größere oder zusammengesetzte Auge.

    c. die geschlossenen und sich kreuzenden Zähne.

    d. die Oberlippe.

    e. die ungegliederten oder sensenartigen Halbscheiden.

    f. die schwarz und hornartige Grundfläche der gegliederten Halbscheiden.

    g. g. dessen Bärtgen.

    h. die Saugröhre.

Fig. VIII. Die Saugröhre mit ihren Theilen, besonders; und nach einer stärkern Vergrößerung, als vorher.   a. die

31

a. die häutige Grundfläche der Saugröhre und ihrer Theile.
b. die Oberlippe.
c. die ungegliederten oder sensenartigen Halbscheiden.
d. d. die gegliederten Bärtgen dieser sensenartigen Halbscheiden.
e. das erste Gelenke, oder die Grundfläche der gegliederten Halbscheiden.
f. das zweyte Gelenke der gegliederten Halbscheiden.
g. g. das dritte Gelenke der gegliederten Halbscheiden.
h. h. die doppelt gegliederten Bärtgen dieser Halbscheiden.
i. die Saugröhre, welche vorne abgeschnitten ist.
k. k. eine Art Bärtgen, in welchen sich die sensenartigen Halbscheiden endigen.

Fig. IX. Die Saugröhre, mit ihren Theilen, sehr stark ausgebreitet und von einander geleget. Man wird sich aus dieser und den vorigen Abbildungen nunmehro ganz leicht einen Begrif von dem sonderbaren Baue und Gebrauche dieser Saugröhre machen können. Sie lieget in einem gemeinschaftlichen Futterale, welches aus zwey Paar Halbscheiden zusammen gesetzet ist. Die Saugröhre sowohl selbst, als deren Halbscheiden, haben ihre eigene Gelenke, vermöge derer sie sich, wie ein Taschenmesser, zusammenlegen, und wieder aufmachen oder aufschlagen können! Die Halbscheiden können sich theils so fest und genau aneinander schliessen, daß die zurückgezogene Saugröhre von ihnen völlig umschlossen wird, und alsdann dienen sie ihr zu einem Futterale, darinnen sie sicher und wider alles gedecket ist; theils können sie sich von einander begeben und nach den Seiten ausbreiten, und alsdenn dienen sie der Saugröhre zum Raummachen, damit sie beym Einsaugen oder Einpompen des Blumenhoniges nichts hindern möge. Die Saugröhre selbst aber ist nichts als eine Art Pompe, in welche der Blumenhonig, wenn sie sich erweitert, folglich in der Röhre ein leerer Raum, oder doch eine sehr verdünnere Luft entstehet, nach den Gesetzen der Naturlehre, von selbst eintritt, und durch die darauf folgende Zusammenziehung und Verengerung

engerung der Saugröhre weiter fort, und durch andere daju kom⸗
mende Hülfsmittel, bis in den Magen gebracht wird.

a. a. die gemeinschaftliche Grundfläche der Saugröhre und ihrer
Theile, welche an den Seiten schwarz und hornartig ist.

b. b. die ungeglieberten und sensenartigen Halbscheiden. Sie
sind sehr zarte halbdurchsichtige Blättgen, und deren Flächen
auf eben die Art mit zarten Aedergen und Nerven durchschnitten
sind, wie sonst die Pfeilen pflegen gehauen zu werden. Die Bärt⸗
gen dieser Halbscheiden sind allhier weggelassen worden.

c. c. das schwarze und hornartige erste Gelenke der geglieberten
Halbscheiden; oder die gemeinschaftliche Grundfläche dieser Halb⸗
scheiden und der Saugröhre.

d. d. das zweyte Gelenke der vorigen Halbscheide.

e. e. das dritte Gelenke derselben.

f. f. die doppelt geglieberten Bärtgen, in welche sich diese Halb⸗
scheiden endigen.

g. g. ein Paar sehr kleine häutige Halbscheiden, die ohne Zweifel
zu mehrerer Unterstützung der Saugröhre beym Einsaugen,
und vielleicht auch zum Fortdrücken des Blumenhonigs dienen.

h. die Saugröhre.

Die vierte Tafel.

Fig. I. Das vergrößerte Zeugungsglied des Männgens nach der Seite be⸗
trachtet; und wie es alsdann sichtbar wird und sich zeiget, wenn
man die letztern Ringen des Leibes stark drücket.

a. a. zween schuppenartigen Ringen des Leibes.

b. b.

b. b. die letztern Halbringe des Leibes.

c. einer derjenigen hornartigen Theile, welche dem eigentlichen Zeugungsgliede zur Unterstützung auf den Seiten dienen, und ein T, oder ein Saamengefäße (Samen) einer Tulpe, vorstellen.

d. eines von denenjenigen hornartigen, etwas krummgebogenen, Stäbgen, welche dem eigentlichen Zeugungsgliede zur Unterstützung von hinten dienen.

e. der After.

f. das eigentliche Zeugungsglied.

g. besonders gebildete Theile (Fig. IV.), welche vermuthlich zu einem Reitze dienen.

Fig. II. Das vergrößerte Zeugungsglied des Männgen, von den Ringen des Leibes abgelöset, und nach vornen zu betrachtet.

a. a. die zween hornartigen Theile, die ein T oder Tulpensaamengefäße vorstellen (Fig. I. c.); und sich bey dem Drücken von einander entfernen.

b. b. die zween hintern hornartigen Stäbgen (Fig. I. d.).

c. das eigentliche Zeugungsglied.

d. die hornartige Klappe, so dem Zeugungsgliede von vornen zur Decke dienet.

Fig. III. Das vorige vergrößerte Zeugungsglied, wie es von hinten und da sich zeiget, wenn es sehr stark gedrücket wird.

a. a. die zween hornartigen und wie T gebildeten Theile (Fig. I. c. II. b. b.)

b. b. die zween hornartigen Stäbgen (Fig. I. d. II. b. b. d.)

c. das eigentliche, und von starkem Drücken sehr aufgetriebene, Zeugungsglied.

Fig. IV. Diejenigen sehr vergrößerten besondern Theile, die vermuthlich zu mehrerm Reitze dienen.

a. a. gewiße häutigen Theile, welchen die übrigen in der Mitten angewachsen sind.

b. b. ein zartes hornartiges Spitzgen, so auf jeder Seite dem vorigen häutigen Theile ansstehet.

c. c. eine Menge haariger Stäbgen, oder vielmehr Hälzen.

d. d. ein paar krummgebogene Stäbgen oder Hälzen, die zwar den vorigen vollkommen gleich, nur größer und sichtbarer sind.

E

c. eine

✻ ❀ ✺

c. eine merkliche Erhöhung zwischen den erstgedachten größern
Hälgen, die sich in ein dornartiges Spitzen endigen.

Fig. V. Das vergrösserte Zeugungsglied des Weibgen; wie es bey ge-
ringem Drucken sichtbar wird.

   a. a. die letzten Ringe des Leibes.

   b. die zween starken Sehnen, welche dem Stachel die nöthige
   Bewegung und Stärke geben.

   c. c. zween rauhe und pemselartige Stäbgen, zwischen welchen
   der Stachel hervorkommt, und die, wenn sie geschlossen sind, dem
   Stachel zum äußern Futterale, oder zur uneigentlichen, Scheide
   dienen.

   d. der Stachel, innerhalb seinem innern Futterale oder seiner eigentlichen Scheide.

Fig. VI. Das vergrösserte Zeugungsglied des Weibgen, wie es in dem
Leibe verborgen lieget, und wie aus demselben, bey sehr mäßigem
Drucken, der Stachel aus seinen Scheiden hervortritt.

   a. das ausgeschnittene und herabgeschlagene Theil des Hinterleibes.

   b. b. wie die Zeugungstheile, samt dem Stachel, im Leibe liegen.

   c. der etwas zwischen seinem eigentlichen Scheide herausgetretene
   Stachel.

Fig. VII. Das vergrösserte Zeugungsglied des Weibgen, aus dem Leibe
genommen, und nach der Seite betrachtet.

   a. der fleischige Theil, mit seinen besondern Theilen.

   b. der Stachel, innerhalb seiner Scheide.

   c. c. die zween haarigen Theile oder Stäbgen, die dem Stachel
   zur äußern, oder uneigentlichen Scheide, dienen.

Fig. VIII. Ein Gespinnste, oder eine Dattel, der Maurerbiene, aus der
Zelle genommen.

   a. das Gespinnste oder die Dattel selbst.

   b. der Unrath des Wurmes; außerhalb dem Gespinnste.

Fig. IX. Ein Gespinnste, oder eine Dattel, des Männgen, aufgeschnitten.

   a. a. die untere Hälfte des Gespinnstes.

   b. b. die obere Hälfte des Gespinnstes, auf die Seite geschlagen.

   c. der in dem Gespinnste noch unveränderte Bienenwurm des
   Männgen.

Fig. X.

Fig. X. Ein Gespinnste, oder eine Dattel des Weibgen, aufgeschnitten
und auf die Seite geschlagen.

  a. die untere Hälfte des Gespinnstes.

  b. b. die obere Hälfte des Gespinnstes, auf die Seite geschlagen.

  c. der noch unveränderte Bienenwurm des Weibgen.

Fig. XI. Ein Bienenwurm des Männgen.

Fig. XII. Ein Bienenwurm des Weibgen.

Die fünfte Tafel.

Fig. I. Der vergrösserte Kopf, und die drey ersten Ringe, oder ringartigen Kerben, des Bienenmänngenwurmes.

  a. der Mund mit seinen Zähnen, Ober- und Unterlippe.

  b. ein Paar schwarze Punkte, die Swammerdam und Reaumur vor Augen erklären.

  c. c. drey Ringe, oder ringartigen Kerben, deren jeder oben einen andern starken Einschnitt hat, und die mit zarten und starken Härgen, wie mit Stacheln, besetzt sind.

  d. d. d. die Luftlöcher dieser Ringe.

Fig. II. Der vergrösserte Kopf und die drey ersten Ringe des Bienenweibgenwurmes.

  a. der Mund, mit seinen Zähnen, Ober- und Unterlippe.

  b. ein Paar vertiefte Punkte, in deren Mitten sich ein zartes Härgen wie eine Stachel, zeiget; und hinter welchen zween andere Punkte, als die wahrscheinlichen Augen, stehen.

  c. c. die drey ersten Ringe.

  d. d. die Luftlöcher.

Fig. III. Eine Puppe des Bienenmänngenwurmes, nach der Seite betrachtet.

Fig. IV. Eben dieselbe Puppe, auf dem Rücken liegend, und wie sie sich unten zeiget.

E 2   Fig. V.

Fig. V. Eine feltne und unvollkommene Puppe des Bienenwurms, wie ich solche einsmalen in einer Zelle noch lebendig gefunden habe. Der Kopf und der Brustschild war nicht in eine ordentliche Puppe verwandelt, sondern man sahe die schon völlige Bienengestalt durch die zarte Puppe schimmern; der Leib aber war ganz weiß, und hatte noch vieles von der Wurmgestalt.

    a. der Kopf.
    b. das Brustschild.
    c. der Leib.

Fig. V. Der Wurm des schädlichen Käfers, welcher gar oft in den Zellen der Mauerbienennester gefunden wird, und den ich oben den Bienenfresser genennet habe. Er gehöret unter die sechsfüßigen Käferwürmer. Und ob er gleich allhier in der Größe vorgestellet ist, wie ich ihn gefunden habe; so muthmaße ich doch, daß dieser mögte noch unvollkommen und unausgewachsen gewesen seyn.

Fig. VI. Dieser Bienenfresser nach einer starken Vergrößerung. Er hat, wie es gar deutlich zu erkennen ist, einen herzförmigen braunen Kopf, mit zwey sehr starken, scharfen und dunkelbraunen Zähnen, nebst den übrigen gewöhnlichen Theilen des Mundes. Sein Leib hat 12 Ringe, oder ringartigen Kerbe; die schön roth und mit gelblichen Haaren überdecket sind. Die ersten Ringe sind schmäler, als die folgenden, und nehmen bis zu den 2 letzten mehr und mehr an Breite zu. Den drey ersten Ringen sind unten die drey Paar haarigen, gegliederten, und sich in einen einfachen Nagel endigenden, Füße angegliedert. Und gleichwie alle Ringe sehr weich und häutig sind; so ist hingegen nicht nur der erste Ring mit einem dunkelbraunen hornartigen, harten und dreyeckigen, jedoch in der Mitte etwas gespalteten, Halsschild versehen; sondern es befindet sich ein dergleichen brauner, hornartiger und härtlicher Schild auch auf dem letzten Ringe. Wobey noch anzumerken ist, daß dieser letzte Ringe sich in ein Paar braune, scharfe und starke Hätgen, oder Nägel, endiget.

    a. a. der herzförmige Kopf.
    b. der Mund, mit seinen Zähnen, Ober- und Unterlippe.
    c. c. c. c. c. die drey Paar Füße.

    d. d. d. d.

d. d. d. d. die Ringe des Leibes.

e. die krummen Häkgen, oder Nägel, des letzten Ringes.

Fig. VII. Der vergrößerte Kopf dieses Bienenfressers.

    a. der Kopf selbst.

    b. der Mund mit seinen Werkzeugen.

Fig. VIII. Die zween letzten Ringe des Bienenfressers, nach der Vergrößerung.

    a. a. der vorletzte Ring.

    b. b. der After mit seiner Oeffnung.

    c. die zwey Häkgen.

Fig. IX. Ein vergrößerter Fuß des Bienenfressers.

Fig. X. Der schöne Käfer des Bienenfressers. Er gehöret nach dem Linnäischen Lehrgebäude zu demjenigen Geschlechte der Käfer, die blätterichtkolbige Fühlhörner haben (dermestes). Kopf, Fühlhörner, Brustschild, Füße und Leib sind einfärbig und schön stahlblau, auch ausser dem sehr stark mit Haaren überwachsen. Die Flügeldecken sind weichlich; ungleich länger, als breit; und mit drey ungleich großen rothen und stahlblauen Querbanden gezeichnet. Rühret man diesen Käfer an, so beuget er den Kopf stark unter sich, und nimmt überhaupt eine solche Gestalt an, als wenn er todt wäre; und welches allen diesen Käferarten eigen ist.

Fig. IX. Der Wurm, wie ich Ursache zu glauben habe, von der bald folgenden Schimmelfliege; an dem ich aber, außer seiner weißgrauen Farbe, nichts Besonderes bemerket habe.

Fig. XII. Die sonderbare Puppe des erstgedachten Schimmelfliegenwurmes. Das Bemerkenswürdigste an derselben sind unläugbar die hartzähnartigen Stacheln, welche sich vorn am Kopfe befinden. Diese Stacheln stehen alle auf einer breiten Grundfläche, und sind ungleich groß. Sie kommen derjenigen Art Bohrer gleich, welche von den Drechslern Schrotbohrer pflegen genannt zu werden. Ist nun aber bekannt, daß durch dergleichen Schrotbohrer mit leichter Mühe in die härtesten Sachen Löcher gebohrt werden können; so dünket mich,

daß

daß wir hier den Schlüßel zu dem in der Rede gedachten Geheimniffe haben, von wem und wie die Oeffnung oder das Loch gemacht werde, wodurch die Fliege ihren Ausflug nehmen muß.   Es ist wohl weiter nicht in Zweifel zu ziehen, daß diese Oeffnung noch von der Puppe, und zwar mit diesem ihren Kopfbohrer, gemacht werde. So bald dieses geschehen, schiebet sich die Puppe etwas über die Hälfte durch diese Oefnung, oder das von ihr gebohrte Loch, hinaus ; die Puppenhaut zerplatzet, und die Fliege erhält ihre Freyheit aufferhalb der Zelle, die Puppenhaut aber bleibet in dem Loche hängen. So stelle ich mir wenigstens die Sache vor!

    a. der Kopfbohrer der Puppe.

    b. die Ringe des Leibes, deren jeder oben nochmalen eingeschnitten, überhaupt aber mit zarten Stächelgen besetzet ist.

    c. der letzte Ring des Leibes, an dem ebenfalß einige Stachelspitzen gefunden werden.

Fig. XIV. Die Schimmelfliege, wie sie sitzet.

Fig. XV. Eben dieselbe, wie sie flieget.

www.ingramcontent.com/pod-product-compliance
Lightning Source LLC
Chambersburg PA
CBHW022030190326
41519CB00010B/1648